BEI GRIN MACHT SICH IHR WISSEN BEZAHLT

AF375653

- Wir veröffentlichen Ihre Hausarbeit,
  Bachelor- und Masterarbeit

- Ihr eigenes eBook und Buch -
  weltweit in allen wichtigen Shops

- Verdienen Sie an jedem Verkauf

Jetzt bei www.GRIN.com hochladen
und kostenlos publizieren

GRIN

Bibliografische Information der Deutschen Nationalbibliothek:

Die Deutsche Bibliothek verzeichnet diese Publikation in der Deutschen National-
bibliografie; detaillierte bibliografische Daten sind im Internet über http://dnb.d-
nb.de/ abrufbar.

Dieses Werk sowie alle darin enthaltenen einzelnen Beiträge und Abbildungen
sind urheberrechtlich geschützt. Jede Verwertung, die nicht ausdrücklich vom
Urheberrechtsschutz zugelassen ist, bedarf der vorherigen Zustimmung des Verla-
ges. Das gilt insbesondere für Vervielfältigungen, Bearbeitungen, Übersetzungen,
Mikroverfilmungen, Auswertungen durch Datenbanken und für die Einspeicherung
und Verarbeitung in elektronische Systeme. Alle Rechte, auch die des auszugsweisen
Nachdrucks, der fotomechanischen Wiedergabe (einschließlich Mikrokopie) sowie
der Auswertung durch Datenbanken oder ähnliche Einrichtungen, vorbehalten.

Impressum:

Copyright © 2014 GRIN Verlag, Open Publishing GmbH
Druck und Bindung: Books on Demand GmbH, Norderstedt Germany
ISBN: 9783668577312

Dieses Buch bei GRIN:

http://www.grin.com/de/e-book/378063/wie-beeinflusst-die-zerstoerung-des-ama-
zonischen-regenwaldes-den-globalen

Jessica Burkert

Wie beeinflusst die Zerstörung des amazonischen Regenwaldes den globalen Klimawandel? Seine Rolle im globalen Kohlenstoffkreislauf

GRIN Verlag

GRIN - Your knowledge has value

Der GRIN Verlag publiziert seit 1998 wissenschaftliche Arbeiten von Studenten, Hochschullehrern und anderen Akademikern als eBook und gedrucktes Buch. Die Verlagswebsite www.grin.com ist die ideale Plattform zur Veröffentlichung von Hausarbeiten, Abschlussarbeiten, wissenschaftlichen Aufsätzen, Dissertationen und Fachbüchern.

Besuchen Sie uns im Internet:

http://www.grin.com/

http://www.facebook.com/grincom

http://www.twitter.com/grin_com

Universität Bremen   Wintersemester 2013/14
Institut für Geographie

Wie beeinflusst die Zerstörung des Amazonischen Regenwaldes den globalen Klimawandel?

Vorgelegt von:

Jessica Burkert

Studiengang: Geographie

Inhalt

Abbildungsverzeichnis

Abkürzungsverzeichnis

IPCC   Intergovernmental Panel on Climate Change

FAO   Food and Agriculture Organization of the United Nations

Gt   Gigatonnen

Mt   Megatonnen

Mg   Megagramm

ppm   parts per million (Teile pro Million)

1 Einleitung

Auf der 19. UN-Klimakonferenz in Warschau, im November 2013, wurde das Thema Waldschutz hervorgehoben. Auf dieser Konferenz wurde ein Mechanismus festgelegt, der Staaten dafür belohnt, dass sie ihre Wälder vor der Rodung schützen und so vor der Zerstörung bewahren (vgl. Bauchmüller 2013, S. 2). Durch den *Reducing Emissions from Deforestation and Degradation* - Mechanismus (REDD-Mechanismus) sollen bedrohte Wälder, hauptsächlich tropische Regenwälder, vor der Entwaldung und Degradierung geschützt werden, indem die Besitzer für einen wirksamen Schutz Zahlungen erhalten (vgl. Körner 2010, S. 1 ff.). Auch die Aufforstung wird mit Zahlungen vergütet (vgl. Bujanowski 2013). Auf diese Weise soll dem im Wald gespeicherten Kohlenstoff ein Wert beigemessen und der ökonomische Druck von den gefährdeten Tropenwäldern genommen werden. Der Waldschutz wurde in den Mittelpunkt des Klimagipfels gerückt, weil etwa ein Sechstel der anthropogenen Treibhausgasemissionen durch Entwaldung entstehen (vgl. IPCC 2007c, S. 36 ff.). Der REDD-Mechanismus wird daher als Möglichkeit gesehen, die anthropogene Treibhausgasemission zu reduzieren. Die Idee des REDD-Mechanismus wurde 2010 im amazonischen Regenwald von der Umweltstiftung *Fundaçaõ Amazonas Sustentável* (Stiftung Nachhaltiges Amazonas kurz FAS) getestet (vgl. Häusler 2010, S. 1). Der Erhalt und Schutz des amazonischen Regenwaldes wird von einem zunehmenden Bevölkerungsdruck und unökologischen wirtschaftlichen Entwicklungszielen bedroht. Als größtes zusammenhängendes tropisches Regenwaldgebiet, gilt es als „Lunge der Welt" (vgl. Schoepp 2010). Wie die Zerstörung des amazonischen Regenwaldes den globalen Klimawandel beeinflusst und warum die Regenwaldzerstörung eine besondere Rolle bei der Frage um die Reduktion des Treibhausgases Kohlenstoffdioxid (CO_2) spielt, wird im Folgenden behandelt. Es wird folgende Hypothese überprüft: *Die Zerstörung des amazonischen Regenwaldes beeinflusst den globalen Klimawandel, indem durch die Regenwaldzerstörung CO_2 freigesetzt wird, der als Treibhausgas die anthropogene Erderwärmung verstärkt.*

Zunächst wird im ersten Abschnitt grundlegend der globale Klimawandel erklärt und die Bedeutung des Kohlenstoffdioxids in diesem Zusammenhang dargestellt. Darauf folgend wird auf das Ausmaß, die zeitliche Entwicklung und die Ursachen der Zerstörung des amazonischen Regenwaldes eingegangen. Zudem werden in diesem Abschnitt Grundlegende regionale Folgen näher betrachtet. Im dritten Abschnitt folgt die ausführliche Erläuterung der Bedeutung des amazonischen Regenwaldes im globalen Kohlenstoffkreislauf, womit die Verbindung zwischen der Zerstörung des amazonischen Regenwaldes und dem globalen Klimawandel hergestellt wird. Im vierten Abschnitt werden die Probleme der Kohlenstoffmessungen reflektiert. Auf zukünftige Entwicklungen und deren

Konsequenzen wird in Abschnitt fünf eingegangen. Abschließend werden die Ergebnisse im Fazit zusammengefasst.

2 Globaler Klimawandel und Treibhauseffekt

Seit Beginn des 20. Jahrhunderts hat sich die globale Durchschnittstemperatur der Erdoberfläche um 0,74 °C erhöht. Dabei war die Anstiegsrate der Temperatur pro Jahrzehnt über die letzten 50 Jahre annähernd doppelt so groß wie über die letzten 100 Jahre (vgl. Podbregar et al. 2009, S. 4 f.). Diese Erwärmung der Erdoberfläche kennzeichnet eine Veränderung im globalen Klima. Der Intergovernmental Panel on Climate Change (IPCC) definiert Klimaänderung als *"a change in the state of the climate that can be identified ... by changes in the mean and/or the variability of its properties, and that persists for an extended period, typically decades or longer"* (IPCC 2008c, S. 78). Klimaänderungen können nach dem IPCC natürliche und anthropogene Ursachen haben. Im Folgenden wird die Bezeichnung Klimawandel gleichbedeutend mit dem Begriff Klimaänderung nach der Definition des IPCC verwendet.

Das globale Klima unterlag im Laufe der Erdgeschichte mehrfachen Schwankungen und Umschwüngen (vgl. Podbregar et al. 2009, S. 16). Besonders an der Klimaänderung durch die Erderwärmung seit Anfang des letzten Jahrhunderts ist, dass sich der Temperaturanstieg in immer kürzerer Zeit vollzieht (vgl. ebd., S. 4). Dies lässt sich auf den anthropogen verstärkten Treibhauseffekt zurückführen. Unter dem natürlichen Treibhauseffekt versteht man die Wirkung der Treibhausgase in der Atmosphäre auf die Temperatur der Erdoberfläche. Der natürliche Treibhauseffekt ist Teil des Strahlungshaushaltes der Erde, der in Abbildung 1 vereinfacht dargestellt ist. Im globalen Jahresmittel gelangen ca. 342 W/m² Sonnenstrahlung in die Erdatmosphäre, wovon 168 W/m² von der Erdoberfläche absorbiert werden. Die absorbierte kurzwellige Strahlung wird als langwellige Wärmestrahlung von der Erdoberfläche in die Atmosphäre zurückgestrahlt. Diese Rückstrahlung wird von den Treibhausgasen in der Atmosphäre, wie CO_2 und Wasserdampf, absorbiert, so dass ca. 235 W/m² als langwellige Strahlung wieder aus der Atmosphäre ausgestrahlt werden. Es werden 324 W/m² zur Erde zurückgestrahlt, womit die Treibhausgase der Erdoberfläche weitere Wärmeenergie zuführen (vgl. Houghton 2009, S. 19 ff.) und die Atmosphäre auf eine jährliche Durchschnittstemperatur von ca. 15 °C erwärmen. Ähnlich wie durch das Glasdach eines Treib- bzw. Gewächshauses wird durch die Treibhausgase in der Atmosphäre verhindert, dass Wärme ausgestrahlt werden kann, wodurch die Wärmeenergie in der Atmosphäre verbleibt und sich die Temperatur der unteren Atmosphäre sowie der Erdoberfläche erhöht (vgl. Houghton 1997, S.14 ff.). Ohne die

Wirkung der Treibhausgase in der Atmosphäre läge die Durchschnittstemperatur der Erde bei ca. -15 °C (vgl. Podpregar et al. 2009, S. 19).

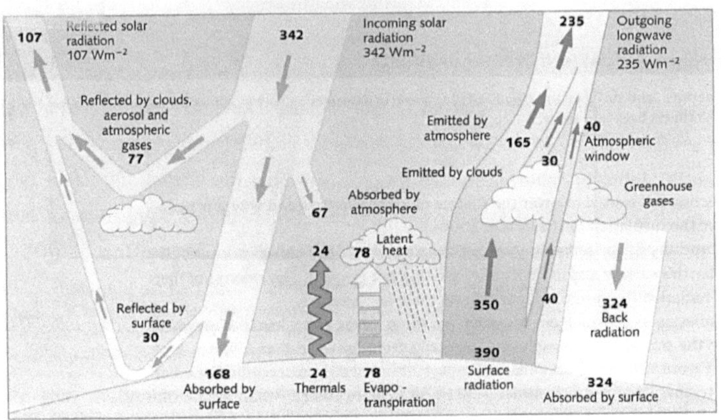

Abbildung 1 Strahlungshaushalt der Erde (in W/m²). Langwellige Strahlung ist als roter Pfeil, kurzwellige Strahlung als gelber Pfeil dargestellt. Die Verdunstungswärme (Evotranspiration) und fühlbare Wärme (Thermals) werden durch gesonderte Pfeile abgebildet. (Houghton 2009, S. 26)

Der natürliche Treibhauseffekt wird, seit der Industriellen Revolution um 1750, durch anthropogen erzeugte Treibhausgase verstärkt (siehe Abbildung 2). Den größten Anteil der durch menschliche Aktivitäten freigesetzten Treibhausgase nimmt das CO_2 ein (vgl. Houghton 2009, S. 35 ff.). Die Konzentration des CO_2 in der Atmosphäre stieg in den letzten drei Jahrhunderten von 280 ppm bis über 380 ppm an. Durch den Anstieg des CO_2 in der Atmosphäre um etwa 36%, ist der atmosphärische CO_2-Gehalt höher als in den letzten 650.000 Jahren (vgl. ebd., S. 37 ff.; vgl. ÍPCC 2008d, S. 5). Die durchschnittliche jährliche Emission von CO_2 betrug in der Zeit von 1960 bis 2004 ca. 1,4 ppm. In dem 10-jährigen Zeitraum von 1995 bis 2005 stieg die Konzentration um ca. 19 ppm an und ist damit, seit beginn der Messungen in den 1950er Jahren, überdurchschnittlich schnell angestiegen (vgl. IPCC 2008a, S. 137). In der Zeit von 2000 bis 2004 ist die Geschwindigkeit, in der die CO_2-Konzentration in der Atmosphäre ansteigt, um 20% höher als in den 1990er Jahren (vgl. Archer und Rahmstorf 2010, S. 23). Gleichzeitig stieg der Strahlungsantrieb durch den CO_2-Gehalt auf ca. 1,66 W/m² im Jahr 2005, wobei dieser von 1995 bis 2005 um 0,28 W/m² bzw. 20% angestiegen ist. Die Abbildung 2 soll verdeutlichen, dass der anthropogen verursachte Anstieg der Kohlenstoffkonzentration in der Atmosphäre mit dem Anstieg der globalen Durchschnitttemperatur einhergeht (ausgehend von der Durchschnittstemperatur zwischen 1961 und 1990) und bedingt ist durch die Treibhauswirkung des CO_2.

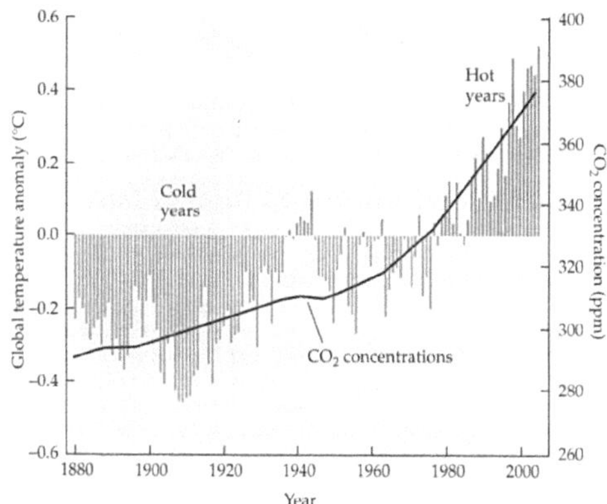

Abbildung 2 CO₂-Konzentration und Temperaturabweichungen von 1880 bis 2005. Abweichungen der jährlichen globalen Durchschnittstemperatur vom Wert des Referenzzeitraumes (14 °C für 1961 bis 1990) (Corlett und Primack 2011, S. 280).

Der IPCC ermittelte für das Jahr 2004, dass der größte Anteil (56,6%) an anthropogenem Kohlenstoffdioxid durch die Nutzung fossiler Brennstoffe und der zweitgrößte Anteil, d.h. 17,3%, durch Entwaldung, Abbau von Biomasse usw. verursacht wird (vgl. IPCC 2007c, S. 36 ff.). Welche Rolle dabei die Zerstörung des Amazonischen Regenwaldes spielt, wird im nächsten Abschnitt näher erläutert.

3 Zerstörung des amazonischen Regenwaldes

Insgesamt 31% der Erdoberfläche sind mit Wald bedeckt, 11% sind tropischer Regenwald (vgl. FAO 2010, S. 10). Die Entwaldung in den Tropen begann mit der Kolonisation im 20. Jahrhundert. 1950 stieg die Entwaldungsrate zum ersten Mal überdurchschnittlich schnell an. Südamerika verlor zwischen 1990 und 2005 ca. 3,3 Millionen ha Regenwald. Auf diesen Verlust an Vegetation folgen regionale Veränderungen im Klima und in den Stoffkreisläufen.

3.1 Dimension und Ursachen der Zerstörung

Der größte geschlossene tropische Regenwald der Erde ist der Amazonische Regenwald in Brasilien, er bedeckt noch ca. 3,5 Millionen km² der Erdoberfläche (vgl. Costa et al. 2010, S.19). Ursprünglich umfasste der amazonische Regenwald ca. 4,1 Millionen km² (vgl. ebd., S. 111) des 5 Millionen km² großen Amazonasgebietes („Amazônia Legal"), das die Bundesstaaten Acre, Amapá, Amazonas, Maranhão, Mato Grosso, Pará, Rondônia, Roraima und Tocantins umfasst (vgl. ebd.; vgl. Glaser und Woods 2004, S. 183). Bis zum Jahr 2008 wurde laut *brasilianischem Institut für Raumforschung* (INPE) eine Regenwaldfläche von ca. 736.000 km², d.h. rund 18% der ursprünglichen Waldfläche entwaldet und zerstört (vgl. Costa et al. 2010, S. 117). Der Anteil der jährlich zerstörten Waldfläche lag 1975 bei 0,6% und vergrößerte sich bis 1990 auf 10%. Innerhalb von 10 Jahren nahm der Anteil weiter um 4,3% zu und erhöhte sich bis 2005 auf 16% der Waldfläche (vgl. ebd., S. 117 f.; vgl. Corlett und Primack 2011, S. 4).

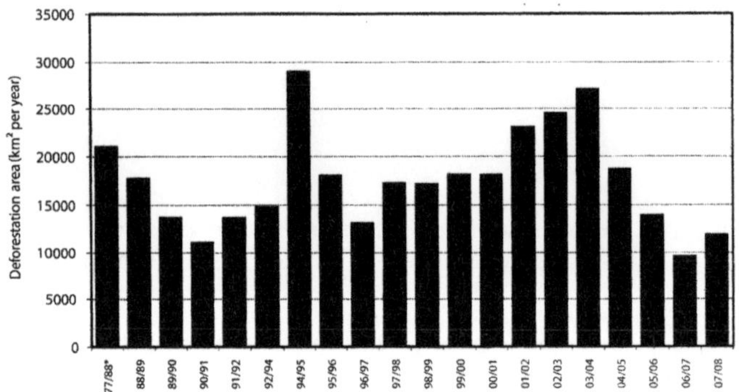

Abbildung 3 Die Entwaldung des Amazonischen Regenwaldes von 1977 bis 2008. Die durchschnittliche Entwaldungsrate ist in km² pro Jahr angegeben. Ausnahmen: von 1977/88 ist der *10-Jahres-Durchschnitt und von 1992/94 ist ein 2-Jahres-Durchschnitt in km² angegeben (Keller et al. 2009, S. 237)

Wie in Abbildung 3 dargestellt ist, stieg die durchschnittliche Entwaldungsrate seit 1996/97 kontinuierlich bis 2004 auf ca. 26.000 km² pro Jahr an und fällt seitdem auf ca. 10.000 km² pro Jahr. Die jährliche Entwaldung im Amazonischen Regenwald hat um 32% für den Zeitraum 1996/2000 (16.800 km²) bis 2001/05 (22.300 km²) zugenommen. Von 2004 auf 2005 ist die jährlich entwaldete Fläche von 26.100 km² auf 18.900 km² gesunken (vgl. IPCC 2007a, S. 590; vgl. Costa et al. 2010, S. 118). Auffällig ist, dass im Jahr 1994/95 fast 30.000 km² Waldfläche zerstört wurden und damit der bisherige Höchstwert der jährlich entwaldeten Fläche erreicht wurde.

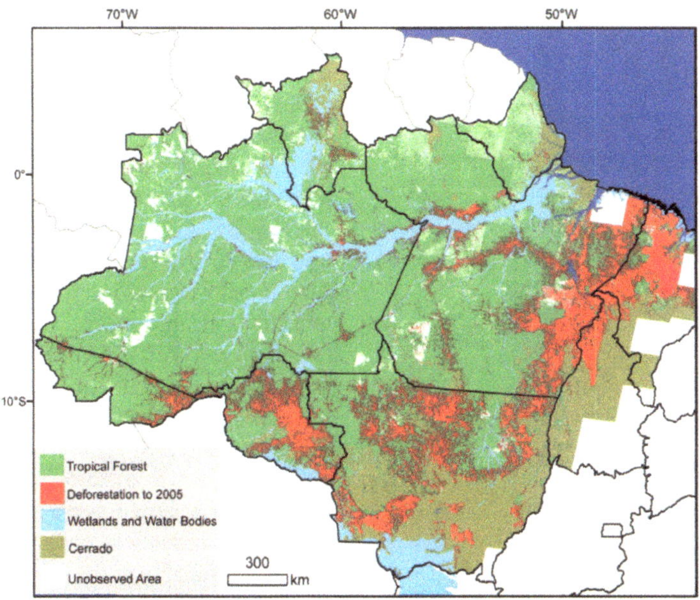

Abbildung 4 Die Entwaldung im Amazônia Legal bis 2005 (Keller et al. 2009, S. 13)

Die Zunahme der entwaldeten Fläche in den 1990er Jahren hängt mit dem Bau eines neuen Straßennetzes zur Infrastrukturentwicklung zusammen, der von internationalen Investoren und globalen agroindustriellen Großkonzernen mit Krediten finanziert wurde (vgl. Corlett und Primack 2011, S. 261). Zudem wurden im Zuge einer Agrarreform (vgl. Costa et al. 2010, S. 111) große Projekte von Agrarkolonisation initiiert, um in der Agrarindustrie zu expandieren (vgl. Keller et al. 2009, S. 15 ff.). Die agroindustriellen Unternehmen haben sich vorwiegend im südlichen und südöstlichen Teil des Amazônia Legal angesiedelt und entwaldet, hauptsächlich zur Erschließung von Weideflächen für die Rinderzucht, große Regenwaldflächen (siehe Abbildung 4) (vgl. Corlett und Primack 2011, S. 261; vgl. Costa et al. 2010, S. 111 f.; vgl. Glaser und Woods 2004, S. 183). Die Entwaldung vollzieht sich entlang der Straßen (Abbildung 4). Aufgrund regierungspolitischer Entscheidungen zu Ausbau der Infrastruktur und der damit einhergehenden wirtschaftlichen Entwicklung wächst die Bevölkerungszahl durch zunehmende Immigration seit Mitte des 20. Jahrhunderts sehr schnell an (vgl. Corlett und Primack 2011, S. 261). Landlose Migranten, kleine Bauern und Siedler stoßen entlang der Straßen tiefer in den Regenwald vor, um dort Subsistenzwirtschaft oder Sojaanbau zu betreiben (vgl. ebd.). Dafür wird durch Brandrodung eine fruchtbare Schicht aus verbrannter Biomasse in Form von Asche und Kohle geschaffen, die für ein bis drei Jahre bewirtschaftet werden kann (vgl. Glaser und Woods 2004, S. 183).

Auch ab 2001 ist ein erneuter Anstieg der Entwaldungsrate zu verzeichnen. Im brasilianischen Programm *Avanca Brasil* sollten 40 Billionen $ in den Ausbau der Infrastruktur im Amazônia Legal investiert werden. Von 2000 bis 2007 wurden neue Straßen, Gasleitungen, Wasserkraftprojekte, Starkstromleitungen und Begradigungen der Amazonas Nebenflüsse geplant (vgl. Laurence et al. 2001, S. 438 f.). Die Zerstörung des amazonischen Regenwaldes hat zusammenfassend sozio-ökonomische Gründe, die vor allem durch einen Wandel von der Subsistenzwirtschaft zu exportorientierter Agroindustrie (großbetrieblicher Cash crop-Anbau) verursacht wird (vgl. Costa et al. 2010, S. 112 f.). Eine sich entwickelnde Infrastruktur und weltmarktorientierte Wirtschaft, auf Basis der großbetrieblichen Rinderzucht und des Sojaanbaus, zieht einen wachsenden Bevölkerungsdruck und einen großflächigen Verlust an Regenwald nach sich.

3.2 Regionale Folgen der Entwaldung für Nährstoff-, Wärme- und Wasserhaushalt

Die Zerstörung des Amazonischen Regenwaldes durch die flächenhafte Brandrodung, Umnutzung und Abholzung wirkt sich auf die Stoffkreisläufe des tropischen Regenwaldes aus. Regional werden vor allem Nährstoff-, Wärme- und Wasserhaushalt durch die Entwaldung beeinflusst, was sich in lokalen Klimaveränderungen beobachten lässt.

Die Umwandlung des Amazonischen Regenwaldes in Graslandschaften bzw. landwirtschaftlich genutzte Flächen reduziert die Belaubungsdichte der Vegetationsdecke (Blattflächenindex) (vgl. Schmitt et al. 2012, S. 48), wodurch sich die kühlende Wirkung durch Evatranspiration und Transpiration reduziert und die Temperatur erhöht. Die Temperaturerhöhung resultiert zusätzlich aus der höheren Albedo offener Flächen. Der amazonische Regenwald ist im Vergleich zu umgewandelten Flächen kühler, obwohl er eine niedrigere Albedo (durch eine dunklere Farbe) als offene Flächen aufweist, da durch die Evatranspiration und Transpiration Lichtenergie in latente Wärme umgewandelt wird und als Wasserdampf in die Atmosphäre aufsteigt. Der Wasserdampf kühlt beim Aufsteigen in der Atmosphäre ab und kondensiert, es kommt zu Wolkenbildung, die für den Niederschlag im Inland sorgen (vgl. Adams 2007, S. 136 ff.). Der Amazonische Regenwald generiert etwa 50% des lokalen Niederschlages durch Evatranspiration, d.h. durch Wasserverdunstung hauptsächlich von der dichten Pflanzendecke, aber auch von der Bodenoberfläche (vgl. WBGU 2008, S. 164). Gras- oder Agrarflächen können nicht annähernd so viel Wasser aufnehmen, wie die organische Bodensubstanz und das dichte Wurzelgeflecht des Regenwaldes, so dass Lichtenergie vermehrt in fühlbare Wärme umgewandelt wird.

Auch der Nährstoffhaushalt der Böden im Amazonischen Regenwald wird durch die Zerstörung verändert. Aufgrund des fehlenden bzw. entfernten Unterwuchses kommt es zu erhöhter Erosion und Bodendegradation, auf die wiederum die Bildung von Graslandschaften bzw. Savannen folgt (vgl. Schmitt et al. 2012, S. 348). Durch die Entfernung der Vegetationsdecke geht das Nährstoffkapital des Regenwaldes verloren, da die Nährstoffe überwiegend in der lebenden Biomasse gespeichert sind. Die Böden des Amazonischen Regenwald sind extrem verwitterte und nährstoffarme Bodentypen mit geringer Fruchtbarkeit (vgl. Schmitt et al. 2012, S. 348). Der dominierende Bodentyp der in diesem Regenwaldgebiet weit verbreitet ist, ist der Latosol, der in Form von Oxisolen, Ultisolen und Acrisolen vorkommt (vgl. Galser und Woods 2004, S. 1 ff.). Da die Fruchtbarkeit der Böden durch die Vegetation bedingt ist, verarmen diese, wenn sie den Umwelteinflüssen nach Kahlschlag und Landnutzung ausgesetzt sind. Große Niederschlagsmengen, die mit großer Intensität konvektiv und in kurzer Zeit fallen, führen zur Auswaschung der Nährstoffe durch erhöhten Oberflächenabfluss. Weil der Regen nur schwer infiltrieren kann, da die Poren des trockenen Bodens mit Luft gefüllt sind, kommt es zu großflächigem Oberflächenabfluss, der hauptsächlich die feinkörnigen Nährstoffabsorbenten erodiert, d.h. die Nährstoffe aus der dünnen Humusschicht auswäscht. Zudem wird durch die Entfernung bzw. Ausdünnung der Vegetationsdecke die Sonneneinstrahlung in fühlbare und weniger in latente Wärme umgewandelt, wodurch sich die bodennahen Temperaturen erhöhen und der Boden schneller austrocknet. Auf die Abnahme der Bodenfruchtbarkeit folgt die Degradation der Böden und die Vegetation wechselt zu Gräsern und Sträuchern, die weniger Nährstoffe und Wasser benötigen. Zusammenfassend kommt es zu Abnahme der Evaporation, zu Erhöhung der Temperaturen, zu Degradation der Böden und zur Bildung von Savannen (vgl. Schmitt et al. 2012, S. 348; vgl. Felgentreff und Glade 2008, S. 196). Der Regenwald verwandelt sich durch Entwaldung in eine trockene Graslandschaft.

4 Rolle des amazonischen Regenwaldes im globalen Kohlenstoffkreislauf

Um die anfangs aufgestellte Hypothese zu überprüfen, wird im Folgenden untersucht welche Rolle der amazonische Regenwald und seine Zerstörung im globalen Kohlenstoffkreislauf spielt. Zunächst wird die Rolle des Regenwaldes im natürlichen Kohlenstoffkreislauf verdeutlicht, indem seine Funktion als Speicher und Senke erklärt wird. Im weiteren Verlauf wird der Einfluss der anthropogen verursachten Regenwaldzerstörung auf den globalen Kohlenstoffkreislauf untersucht.

Alle organischen Verbindungen sind auf Kohlenstoffverbindungen aufgebaut und somit ist Kohlenstoff ein Grundbestandteil des Lebens auf der Erde (vgl. Schmitt et al. 2012, S. 124; vgl. Adams 2007, S. 153). Kohlenstoff ist in verschiedenen Depots gespeichert (vgl. Schmitt et al. 2012, S. 124). Größter CO_2-Speicher ist die Lithosphäre, in der über Kohlenstoff in

Reinform als Graphit, in Form von fossilen organischen Verbindungen wie Erdöl, Kohle oder Erdgas, oder in Form von karbonathaltigen Gesteinen und Sedimenten vorkommt (vgl. Adams 2007, S. 153 ff.). Der zweitgrößte Anteil des Kohlenstoffs ist in der Hydrosphäre gespeichert, insbesondere in den Meeren kommt Kohlenstoff in zahlreichen Verbindungen vor. CO_2 reagiert mit Wasser zu Kohlensäure und zu Karbonaten, die sich niederschlagen, oder verbindet sich mit Calcium zu Calciumkarbonat, das von kalkschaligen Organismen der Meere aufgenommen wird (vgl. Kuhn 1990, S. 94 f.). Insgesamt sind ca. 39.000 Gt Kohlenstoff in den Meeren und ca. 2200 Gt in der terrestrischen Biosphäre und der Pedosphäre gespeichert. Zudem enthält die Atmosphäre ca. 760 Gt Kohlenstoff, der hauptsächlich in Form von CO_2 (725 Gt) vorkommt (vgl. ebd., S. 93). (siehe Abbildung 5)

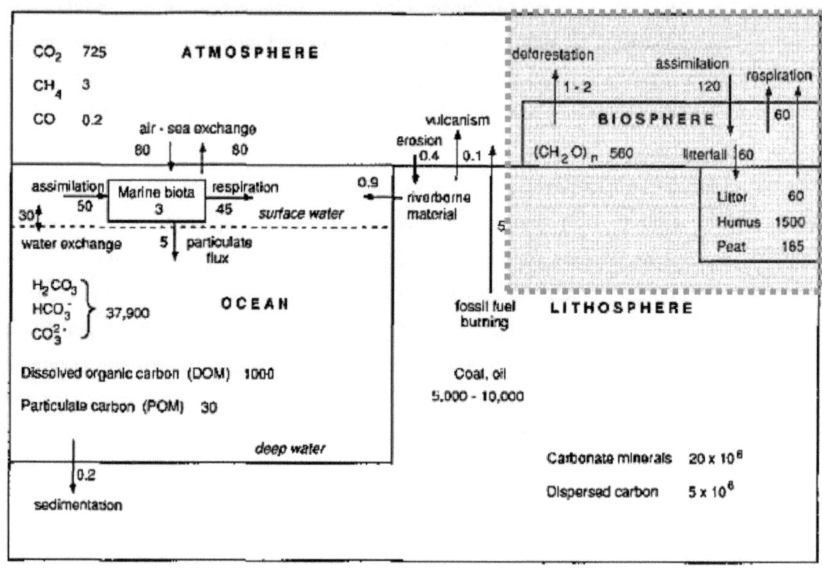

Abbildung 5 Wesentliche Komponenten des globalen Kohlenstoffkreislaufs. Pfeile kennzeichnen Kohlenstoffflüsse und Zahlen ohne Pfeile Kohlenstoffspeicher in Billionen Tonnen pro Jahr. (Adams 2007, S. 154; eigene Hervorhebung des terrestrischen Kohlenstoffkreislaufes : grün gefärbt)

Zwischen den natürlichen Kohlenstoffspeichern findet ein Kohlenstoffaustausch statt, der in Abbildung 5 durch Pfeile gekennzeichnet ist, die den Kohlenstofffluss in Billionen Tonnen Kohlenstoff pro Jahr anzeigen. Zudem sind die wesentlichen Prozesse, durch die der Kohlenstoffaustausch stattfindet, angegeben. Im Gegensatz zum Kohlenstoffspeicher, der als feststehende Größe dargestellt ist, ist der Kohlenstoffaustausch, der die Senken- und Quellen-Funktionen ausdrückt, eine fließende Größe. Der Austausch von   Kohlenstoff zwischen den Kohlenstoffspeichern der Erde wird als globaler Kohlenstoffkreislauf bezeichnet (vgl. Adams 2007, S. 153 ff.). Um dies übersichtlicher zu gestalten, kann er nach Schmitt et al. (2012, S. 125) in eine natürliche marine biogeochemische und eine natürliche terrestrische ökosystemare sowie eine anthropogene Komponente eingeteilt werden. Weil der amazonische Regenwald Teil des terrestrischen Kohlenstoffkreislaufes ist, der den Austausch von Kohlenstoff zwischen Atmosphäre, Biosphäre, Pedosphäre und Lithosphäre beschreibt (vgl. Schmitt et al. 2012, S. 125), wird im Folgendem auf die natürliche terrestrische ökosystemare und die Entwaldung als anthropogene Komponente des terrestrischen Kohlenstoffkreislaufes eingegangen.

Der Kohlenstoff wird im terrestrischen Kohlenstoffkreislauf von grünen Pflanzen im Prozess der Photosynthese (Assimilation) zum Aufbau von energiereichen organischen Verbindungen bzw. zum Aufbau von pflanzlicher Biomasse genutzt. Bei der Photosynthese werden mit Hilfe des lichtabsorbierenden Farbstoffs Chlorophyll (Blattgrün), das Lichtenergie in chemische Energie umwandelt, Kohlenstoff und Wasser zu Kohlehydraten, Sauerstoff und Wasser umgewandelt (vgl. ebd., S. 47). Bei dem entgegengesetzten Vorgang, der Respiration oder Veratmung, werden unter Verbrauch von Sauerstoff Kohlenhydratverbindungen verbrannt und in Energie, Kohlenstoffdioxid und Wasser umgewandelt. Jährlich werden so von den 120 Gt Kohlenstoff, die bei der Assimilation umgesetzt werden, 60 Gt durch Respiration direkt wieder in die Atmosphäre zurückgeführt (siehe Abbildung 3). Die restlichen 60 Gt Kohlenstoff, die jährlich in der terrestrischen Bio- und Pedosphäre als neue pflanzliche Biomasse gespeichert werden, werden je nach Lebens- und Zerfallsdauer über längere Zeiträume durch Zersetzung wieder in die Atmosphäre freigegeben (vgl. Kuhn 1990, S. 95).

4.1 Kohlenstoffspeicher

Im Amazonischen Regenwald herrscht warmes und humides Klima, wobei der durchschnittliche Niederschlag zwischen 1500 mm und über 3000 mm jährlich liegt und sich gleichmäßig über das Jahr verteilt. Trockenphasen fehlen oder dauern weniger als zwei Monate, womit der immergrüne Amazonische tropische Regenwald ganzjährig feucht und gleichmäßig warm ist (vgl. Costa et al. 2012, S. 21 ff.). Jahreszeiten im engeren Sinne fehlen, weshalb ganzjährig Biomasse auf- und abgebaut wird (vgl. Schmitt 2012, S. 347 f.). Aus diesem Grund wird im Amazonischen Regenwald das ganze Jahr über Kohlenstoff in organische Substanz eingebunden und freigesetzt. Zudem enthalten Regenwälder ca. 40% der weltweiten Biomasse (vgl. Kuhn 1990, S. 94) und weil das Amazonische Regenwaldgebiet ca. 30% der Regenwaldfläche der Erde umfasst (vgl. Costa et al. 2010, S. 111), sind Biomassendichte und damit der Wert des gespeicherten Kohlenstoffs in der

Biosphäre sowie die Photosynthese- und Respirationsrate hoch. Weltweit sind in den Wäldern der Erde ca. 652 Gt Kohlenstoff (ca. 161,8 t C pro ha) gespeichert, wovon ca. 289 Gt (ca. 71,2 t C pro ha) in lebender Biomasse, ca. 72 Gt (ca. 17,8 t C pro ha) in Totholz und ca. 292 Gt (ca. 72,3 t C pro ha) in Böden gespeichert sind (vgl. FAO 2010, S. 46). Im amazonischen Regenwald sind allein ca. 120 Gt Kohlenstoff in lebender Biomasse gespeichert (vgl. Keller et al. 2009, S. 296). Damit sind etwa 41% des Kohlenstoffs, der in der Biomasse der Wälder der Erde enthalten ist, in überwiegend organischen Verbindungen eingespeichert. Womit das Ökosystem des Amazonischen Regenwaldes einer der weltweit größten Kohlenstoffspeicher der terrestrischen Biosphäre ist. Im *Large-Scale Biosphere-Atmosphere Experiment in Amazonia* (LBA) wurde laut Keller et al. (2009, S. 355 ff.) in drei Gebieten des Amazonischen Regenwaldes der oberirdisch und unterirdisch (bis zu 2 m Tiefe) gespeicherte Kohlenstoff gemessen. Die gemessene Gesamtsumme des überirdisch gespeicherten Kohlenstoffs beträgt ca. 200 t Kohlenstoff pro Hektar und die Gesamtsumme des gespeicherten Kohlenstoffs liegt bei ca. 420 t Kohlenstoff pro Hektar.

4.2 Kohlenstoffsenke

Insgesamt beträgt der geschätzte Nettoaustausch von Kohlenstoff zwischen der terrestrischen Biosphäre und der Atmosphäre in den 1980er Jahren 0.3 ± 0.9 Gt und in den 1990er Jahren 1.0 ± 0.6 Gt sowie zwischen 2000 und 2005 0.9 ± 0.6 Gt Kohlenstoff pro Jahr. Zudem entzieht die terrestrische Biosphäre in den 1980er Jahren zwischen 3,8 und 0.3 Gt (durchschnittlich 1,7 Gt) Kohlenstoff pro Jahr und in den 1990er Jahren zwischen 4,3 und 0,9 Gt Kohlenstoff (durchschnittlich 2,6 Gt) pro Jahr aus der Atmosphäre und dient damit als Kohlenstoffsenke (vgl. IPCC 2007a, S. 501 ff.). Der Regenwald senkt die atmosphärische Kohlenstoffkonzentration, indem Pflanzen CO_2 im Prozess der Photosynthese in Kohlenstoffverbindungen umwandeln und zum Aufbau von neuer Biomasse verwenden. Im Amazonischen Regenwald werden jährlich ca. 2 Gt Kohlenstoff in der organischen Substanz des Waldes eingebunden, die sich für ca. 55 Jahre in der lebenden Biomasse befinden können (vgl. Keller et al. 2009, S. 396). Die Nettoprimärproduktion (NPP) ist die durch die Photosynthese oder Chemosynthese gebildete Biomasse bzw. Menge des gebundenen Kohlenstoffs in einer bestimmten Zeit nach Abzug der Respiration (vgl. ebd., S. 359.; vgl. Nentwig et al 2011, S. 230). In drei Gebieten des Amazonischen Regenwaldes wurden im Zuge des LBA die NPP gemessen. Sie liegt bei ca. 10 bis 15 t Kohlenstoff pro ha und Jahr, die in Biomasse aufgenommen werden. Davon werden ca. 7 bis 11,5 t Kohlenstoff pro ha oberirdisch und ca. 2,8 bis 3,0 t unterirdisch eingebracht (vgl. Keller et al. 2009, S. 359 ff.). Demnach wird wesentlich mehr Kohlenstoff in der überirdischen Biomasse eingelagert. Über die letzten 20 Jahre wurde mit einer Rate von ca. 0,6 bis 0,8 Gt Kohlenstoff pro Jahr in ungestörtem Primärwald des Amazônien Legal langzeitig eingespeichert (vgl. ebd., S. 422).

4.3 Kohlenstoffquelle

Die Austauschraten des Kohlenstoffs waren bis zum Beginn der Industrialisierung im 18. Jahrhundert relativ konstant und befanden sich in einer Art natürlichem Gleichgewicht (vgl. Houghton 1997, S. 26). Dieses natürliche Gleichgewicht hat sich durch menschliche Aktivitäten verändert. Welche Rolle dabei die Zerstörung des Amazonischen Regenwaldes durch den Menschen spielt, soll erläutert werden.

Es werden über 1,4 Gt Kohlenstoff jährlich aus der Veränderung der landwirtschaftlichen Nutzung der Waldflächen und der einhergehenden Entwaldung frei, da in den bewaldeten Flächen 20 bis 100 mal soviel Kohlenstoff gebunden wird wie in landwirtschaftlich genutzten Flächen (vgl. Kuhn 1990, S. 96). Laut IPCC (2007b, S. 517 f.) sind in den 1980er Jahren ca. 1,4 (von 0,4 bis 2,3) Gt Kohlenstoff pro Jahr und in den 1990er Jahren ca. 1,6 (von 0,5 bis 2,7) Gt Kohlenstoff pro Jahr durch Landnutzungswechsel emittiert worden. Unter Landnutzungswechsel fasst der IPCC (2000, Kapitel 1.4.1) die Umwandlung von tropischem Regenwald durch shifting cultivation, durch die Aufgabe sowie Schaffung von Weide- und Ackerflächen, durch die Ernte von Tropenholz, durch Baumplantagen und durch selektiven Holzeinschlag zusammen. Insgesamt sind durch Landnutzungswechsel in der Zeit von 1850 bis 1990 ca. 121 Gt Kohlenstoff (vgl. ebd.) und im Zeitraum von 1850 bis 2000 156 Gt Kohlensoff (vgl. Houghton 2007, S. 320) freigesetzt worden. Allein aus dem südamerikanischen tropischen Regenwald betrug die Emission von Kohlenstoff aus der Umnutzung von Regenwaldfläche in den 1980er Jahren ca. 0,6 (von 0,3 bis 0,8) Gt Kohlenstoff pro Jahr und in den 1990er Jahren ca. 0,7 (von 0,4 bis 0,9) Gt Kohlenstoff pro Jahr (vgl. IPCC 2007b, S. 517 f.). Für 4,3% weltweiten Emission von anthropogenen Treibhausgasen ist Latein Amerika verantwortlich, von denen 48,3% aus der Entwaldung und Landnutzungswechsel stammen. Brasilien emittierte in den 1980er Jahren ca. 0,15 Gt und in den 1980er Jahren ca. 0,28 Gt Kohlenstoff pro Jahr durch die Änderungen der Nutzungen der Regenwaldflächen (vgl. Keller et al. 2009, S. 420). Im Amazônien Legal wird Kohlenstoff aus Landnutzungswechsel hauptsächlich durch die Entwaldung zur Umwandlung der Regenwaldflächen in Weide- und Ackerland freigesetzt (vgl. ebd., S. 400). Betrachtet man nur die Kohlenstoffflüsse der gestörten Ökosysteme, wäre der Amazonische Regenwald eine Netto-Kohlenstoffquelle von ca. 0.15 bis 0,35 Gt Kohlenstoff pro Jahr. Bis zu 80% der Messunsicherheit für die Schätzung des Kohlenstoffflusses entstehen durch die unsicheren Messungen der Biomasse, der Entwaldungsrate und der Abbaurate (vgl. ebd., S. 420). Die

Zerstörung des Amazonischen Regenwaldes durch Landnutzungswechsel, Bodenbearbeitung und Brandrodung gibt insgesamt ca. 0,2 bis 0,8 Gt Kohlenstoff pro Jahr frei (vgl. ebd., S. 422). Es ist zu beachten, dass der Kohlenstoff aus der Biomasse des Regenwaldes über unterschiedliche zeitliche Dynamik freigesetzt wird, die von der Entwaldungsart und Nutzung der Biomasse abhängen. Kohlenstoff wird bei Brandrodung sofort in die Atmosphäre abgegeben, wohingegen Kohlenstoff in Holzprodukten durch Verrottung oder Verbrennung zeitlich verzögert freigesetzt wird (vgl. Körner 2010, S. 7). Zudem wird während extremer Dürren mehr Kohlenstoff freigesetzt als eingebunden. Die erhöhte Temperatur und geringen bis ausbleibenden Niederschläge während einer Dürre, die im Amazônia Legal z.B. durch den El Ninô auftreten können, senken die Photosynthese, das Pflanzenwachstum und die Transpiration, wodurch weniger Kohlenstoff in Biomasse eingebunden wird (vgl. Adams 2007, S. 152; vgl. Keller et al. 2009, S. 401 ff.).

5   Unsicherheiten und Probleme der Kohlenstoffmessungen

Da sich Kohlenstoff in einem Kreislauf befindet, der aus sich verändernden Größen besteht, gestalten sich Messungen als schwierig. Insbesondere Kohlenstoffflüsse unterscheiden sich global sowie regional voneinander und variieren über Zeit und Raum, gesteuert über natürliche Prozesse sowie anthropogene Aktivitäten. Des Weiteren kommt es infolge von jahreszeitlichen Schwankungen, saisonalen Änderungen, tageszeitlichen Abweichungen und auftretenden Extremereignissen zu Messunsicherheiten. Eine Quantifizierung der Kohlenstoffflüsse ist bisher nicht möglich (vgl. Goldammer 1993, S. 196). Laut Houghton (1997, S. 33) sind die Prozesse des Kohlenstoffkreislaufs nicht ausreichend verstanden bzw. bekannt. Auch Kuhn (1990, S. 93) weist darauf hin, dass die Angaben zum Kohlenstoffkreislauf mit Vorsicht betrachtet werden müssen.

Laut Houghton (2007, S. 328) sind Bestandsaufnahmen für größere Gebiete der Tropen selten und können nicht verwendet werden, um auf Quellen oder Senken zu schließen. Auch Archer und Rahmstorf (2010, S. 23 ff.) weisen auf die Schwierigkeit der Messung der Kohlenstoffflüsse zwischen Landoberfläche und Atmosphäre hin. Danach unterscheiden sich die Schätzungen der Entwaldungsrate aufgrund von Messunsicherheiten voneinander. So machen nach Keller et al. (2009, S. 420) 80% der Messunsicherheiten, die bei der Beobachtung der Kohlenstoffflüsse auftreten, die ungewissen Messungen der Biomasse, der Entwaldungsrate und der Zersetzungs-/Abbaurate aus (vgl. ebd., S. 420). Im IPCC (2007a, S. 517 f.) wird die durch den Landnutzungswechsel entstehende Kohlenstoffflussgröße mit Hilfe des Mittelwertes der Schätzungen von Houghton (2003) und DeFries et al. (2002) ermittelt, da diese als einzige die 1980er und die 1990er abdecken. Dabei waren die

Schätzungen über die Emission von Kohlenstoff in den Tropen durch Landnutzungswechsel von Houghton (2003) höher als die von DeFries et al. (2002), obwohl dieselbe Methode zur Auswertung der Daten genutzt wurde (vgl. ebd.). Nach dem IPCC (2007a, S. 518) sind die Schätzungen der großräumigen Kohlenstoffemission durch Landnutzung mit größten Unsicherheiten behaftet, da die Messungen sich besonders schwierig gestalten. Diese Schätzungen basieren auf Auswertungen von Fernerkundungsdaten, wie z.B. Satellitenbildern, und Statistiken über Entwaldungsraten bzw. Umnutzungen (vgl. ebd., S. 517 f.), die regional stark variieren und voneinander abweichen können. Dem fügen Keller et al. (2009, S. 409 ff.) hinzu, dass regionale Berechnungen problematisch seien, weil z.B. die Anzahl der Luftproben mangelhaft ist.

Die Transportprozesse in der Atmosphäre sind noch nicht vollständig verstanden. Zudem sind Messungen noch nicht ausreichend und sicher genug, um genaue Aussagen über regionale Kohlenstoffflüsse zu treffen.

6 Zukunftsszenarien – Was passiert wenn die Zerstörung anhält?

Wenn die Zerstörung der tropischen Regenwälder der Erde im gleichen Tempo weiter geht, verschwinden diese bis 2100 und die CO_2-Konzentration in der Atmosphäre würde sich um 100 bis 150 ppm CO_2 erhöhen (vgl. Houghton 2009, S. 300 f.). Außerdem gehen die Funktion als Kohlenstoffsenken und -speicher durch die Zerstörung der Regenwälder verloren.

Laut Nepstad et al. (2009, S. 1350) hat Brasilien die Wahl zwischen zwei Optionen, die die Entwaldung des Amazonischen Regenwaldes bis 2020 stoppen könnten. Zum einen wäre eine offizielle Bekanntgabe des Ziels, die Entwaldung zu reduzieren, bei der Verhandlung des UN-Klimaabkommens 2008 nötig um finanzielle Unterstützung zu bekommen. Zum anderen müsste Brasilien einen umfangreichen Wandel des Marktes der Rinderzucht- und des Sojaindustrie vollziehen, um diese von der Zuliefererkette auszuschließen, damit kein weiterer Wald zerstört wird. Die Szenarien beider Optionen sind im Vergleich zu einem business-as-usual Szenario in Abbildung 6 dargestellt. Bis 2020 könnte die Entwaldung durch die beiden Optionen weitestgehend gestoppt werden, wobei die Entwaldungsrate bis unter 5000 km² pro Jahr gesenkt werden könnte. Allerdings entstehen enorme Kosten, die Brasilien nicht allein tragen kann. Käme es dagegen zu einer weiteren Entwaldung im Amazônien Legal, würde die Entwaldungsrate bei normalen Betrieb im schlimmsten Fall bis 2020 auf über 30.000 km² pro Jahr ansteigen (siehe Abbildung 6: business-as-usual Szenario) (vgl. Nepstad 2009, S. 1350 f.). Dadurch würde weiterer Kohlenstoff freigesetzt und die Degradierung der Regenwaldflächen fortschreiten.

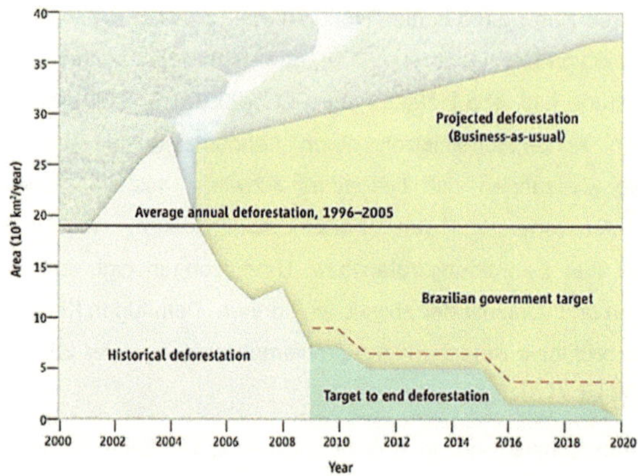

Abbildung 6 Historische und zukünftige Entwicklung (drei Szenarien) der Entwaldung im Amazônien Legal. Jährlich entwaldete Fläche in 10³ km² pro Jahr im Zeitraum von 2000 bis 2020. (Nepstad et al. 2009, S. 1350)

Ein anthropogen verstärkter Treibhauseffekt, der durch eine Erhöhung der irdischen Durchschnittstemperatur einen globalen Klimawandel verursachen würde, könnte sich wiederum auf den Amazonischen Regenwald auswirken. Bei einem Anstieg um 3-4 °C wird vermutet, dass die Regenwaldwaldfläche als Kippelement fungiert und durch verstärkt und häufiger auftretende Dürren/ Trockenzeiten in kurzer Zeit (ca. 50 Jahre) absterben könnte. Das Absterben des Amazonischen Regenwaldes würde den Klimawandel verstärken. Allerdings ist die Unsicherheit über das Eintreten dieses Szenarios sehr groß (vgl. Podpregar 2009, S. 82 ff.).

Die regionalen Klimaveränderungen würden sich auf die klimatischen Bedingungen der mittleren und hohen Breiten der Nordhalbkugel auswirken. Verschiedene Modelle prognostizieren, dass sich bei einer vollständigen Entwaldung des Amazonischen Regenwaldes die Durchschnittstemperatur der Erde um 1,4 °C erhöht und der Niederschlag um 20% verringert (vgl. Adams 2007, S. 136 ff.). Sollten sich die Temperaturen im Amazônien Legal durch die Entwaldung erhöhen, würde sich die Erde in ihrer Gesamtheit abkühlen. Dies geschieht hauptsächlich, weil die Evotranspiration im Amazonischen Regenwald abnimmt und damit weniger kurzwellige Einstrahlung in latente Wärme umgewandelt wird, die in Form von Wasserdampf in die Mittleren bis Hohen Breiten, besonders im Winter der nördlichen Halbkugel, transportiert werden kann. Wasserdampf speichert große Mengen an latenter Wärme in Form von Energie, die beim kondensieren des Wasserdampfes bei der Wolkenbildung in kälteren Regionen als Wärme frei wird (vgl. ebd., S. 143). Bisher wurde keine Abnahme des regionalen Niederschlages festgestellt. Bei lokalen Messungen des Klimas von entwaldeten Flächen, die zu Rinderweiden umgewandelt wurden und an unberührte Regenwaldflächen angrenzen, konnte eine Erhöhung der täglichen Temperaturen und der täglichen Luftfeuchtigkeit beobachtet werden. Wobei sich diese Beobachtungen nicht pauschal auf die ganze Region des Amazônien Legal übertragen lassen (vgl. ebd., S.136 ff.). Dennoch liegt die Vermutung nahe, dass die Entwaldung des amazonischen Regenwaldes die globale atmosphärische Zirkulation beeinflusst.

7   Fazit

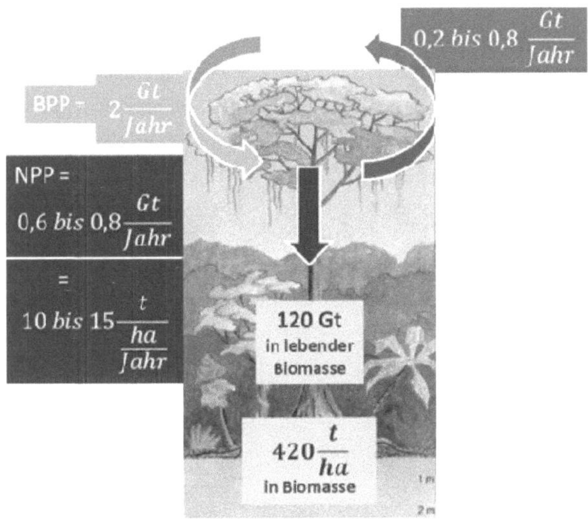

Abbildung 7 Kreislauf des Kohlenstoffs im Amazonischen Regenwald (eigene Darstellung nach Keller et al. 2009, Bild: fawn.de)

Der Amazonische Regenwald war bisher sowohl Kohlenstoffsenke (0,6-0,8 Gt C pro Jahr) als auch Kohlenstoffquelle (0,2-0,8 Gt C pro Jahr) (siehe Abbildung 7) und im Mittel „Kohlenstoffneutral" (vgl. Keller et al. 2009, S. 422; vgl. Houghton 2007, S. 328). Aufgrund der unsicheren Daten, lässt sich nicht genau feststellen, ob der Amazonische Regenwald über die letzten Dekaden Nettokohlenstoffsenke oder Nettokohlenstoffquelle gewesen ist. Die anthropogen verursachte Regenwaldzerstörung im Amazônien Legal ist eine Nettokohlenstoffquelle (vgl. Keller et al. 2009, S. 422). Die Zerstörung des Amazonischen Regenwaldes erhöht die Kohlenstoffemission und verstärkt somit den anthropogenen Treibhauseffekt, der den globalen Klimawandel forciert.

Sollte die Zerstörung anhalten, wird der Amazonische Regenwald zu einer noch deutlicheren Kohlenstoffquelle, weil durch fortschreitende Entwaldung mehr Kohlenstoff freigesetzt wird als der Regenwald wieder aufnehmen würde. Durch den freigesetzten Kohlenstoff wird der

Treibhauseffekt verstärkt und die Erde würde sich weiter erwärmen. Die Erderwärmung könnte wiederum die Degradation des amazonischen Regenwaldes verstärken.

Der Amazonische Regenwald könnte auch den Kohlenstoffgehalt in der Atmosphäre senken, würde die Entwaldung gestoppt und der Regenwald wieder aufgeforstet werden. Das LBA zeigte, dass der Primärregenwald eine Senke für ca. 100 bis 400 Mt Kohlenstoff pro Jahr sein kann. Damit würde er den durch die anthropogene Entwaldung freigesetzten Kohlenstoff von ca. 300 Mt wieder ausgleichen (vgl. IPCC 2007b, S. 604). Sollte es gelingen die Entwaldung vollständig zu stoppen, wäre der Amazonische Regenwald eine Senke von Netto ca. 0,6 bis 0,8 Gt Kohlenstoff pro Jahr und könnte die Kohlenstoffdioxidkonzentration der Atmosphäre verringern. Damit würde der Amazonische Regenwald dem anthropogenen Treibhauseffekt entgegenwirken. Des Weiteren kann durch die Zerstörung die globale atmosphärische Zirkulation beeinflusst werden. Welche Folgen dies für das globale Klima mit sich bringen würde ist jedoch unsicher und schwer vorhersagbar.

Abschließend lässt sich am sichersten sagen, dass die Zerstörung des amazonischen Regenwaldes den globalen Klimawandel positiv beeinflusst. Das durch die Entwaldung emittierte Kohlenstoffdioxid trägt zur Erderwärmung bei. Die anfangs aufgestellt Hypothese lässt sich bestätigen.

Literaturverzeichnis

Adams, J. (2007): Vegetation-Climate Interaction : How Vegetation Makes the global Environment. (1. Aufl.) Chichester/UK : Praxis Publisching Ltd und Springer.

Arche, D. und Rahmstorf, S. (2010): The Climate Crisis : An Introductory Guide to Climate Change. New York: Cambridge University Press.

Bauchmüller, M. (2013): Warschauer Gipfel : Immerhin kein Zurück beim Klimaschutz. In: Süddeutsche.de. (24.11.2013). Online im Internet: http://www.sueddeutsche.de/wissen/warschauer-gipfel-immerhin-kein-zurueck-beim-klimaschutz-1.1826571 [16.01.2014]

Bojanowski, A. (2013): Uno-Tagung in Warschau : Der Geld-Klimagipfel. In: Spiegel-Online Wissenschaft (22.11.2013). Online im Internet: http://www.spiegel.de/wissenschaft/natur/uno-klimagipfel-warschau-cop19-fonds-und-emissionen-a-935126.html [16.01.2014]

Corlett, R. T. und Primack, R. B. (2011): Tropical Rainforests : An Ecological an Biogeographical Comparison. (2. Aufl.) Oxford [u.a.]: Wiley-Blackwell

Costa, S., Kohlhepp, G., Nitschack, H. und Sangmeister, H. (Hrsg.) (2010): Brasilien heute : Geographischer Raum, Politik, Wirtschaft, Kultur. (2. Aufl.) Frankfurt am Main: Vervuert Verlag 2010

FAO (2010): Global Forest Resources Assessment 2010 : Main report. Rom: FAO Food and Agriculture Organization of the United Nations. Online im Internet: http://www.fao.org/docrep/013/i1757e/i1757e.pdf [10.12.2013]

Felgentreff, C. und Glade, T. (2008): Naturrissiken und Sozialkatastrophen. Heidelberg: Spektrum

Glaser, B. und Woods, W. I. (Eds.) (2004): Amazonian Dark Earth : Explorations in Space and Time. Heidelberg: Springer-Verlag

Goldammer, J. G. (1993): Feuer im Waldökosystem der Tropen und Subtropen. Basel: Birkhäuser

Haeusler, T. (2010): Klimagipfel in Cancún : Bitte nicht abholzen. In: Zeit Online (07.12.2010). Online im Internet: http://www.zeit.de/zeit-wissen/2011/01/Brasilien-Regenwald-Umweltschutz [16.01.2014]

Houghton, J. (1997): Globale Erwärmung : Fakten, Gefahren und Lösungswege. Heidelberg: Springer-Verlag

Houghton, J. (2009): Global Warming : The Complete Briefing. (4. Aufl.) New York: Cambridge University Press

Houghton, R. A. (2007): Balancing the Global Carbon Budget. In: Annual Review of Earth and Planetary Sciences Vol. 35, S. 313-347

IPCC Intergovernmental Panel on Climate Change (2000): Land Use, Land-Use Change and Forestry : A Special Report of the Intergovernmental Panel on Climate Change. New York: Cambridge University Press. Online abgerufen unter http://www.ipcc.ch/ipccreports/sres/land_use/index.php?idp=141 [03.01.2014]

IPCC Intergovernmental Panel on Climate Change (2007a): Climate Change 2007 : Impacts, Adaptation and Vulnerability : Contribution of Working Group II to the Fourth Assessment Report of the IPCC. New York: Cambridge University Press

IPCC Intergovernmental Panel on Climate Change (2007b): Climate Change 2007 : The Physical Science Basis : Contribution of Working Group I to the Fourth Assessment Report of the IPCC. New York: Cambridge University Press

IPCC Intergovernmental Panel on Climate Change (2007c): Climate Change 2007 : Synthesis Report : Contribution of Working Groups I, II and III to the Fourth Assessment Report of the IPCC. New York: Cambridge University Press

Keller, M., Bustamante, M., Gash, J. und Dias, P. S. (Hrsg.) (2009): Amazonia and Global Change. Washington DC: American Geophysical Union.

Koerner, F. (2010): UFZ-Bericht 05/2010 : Ökonomische Aspekte von REDD (Reducing Emissions from Deforestation and Degradation). Leipzig: UFZ (Helmholtz-Zentrum für Umweltforschung)

Kuhn, M. (1990): Klimaänderung: Treibhauseffekt und Ozon. Thaur/Tirol: Kulturverlag.

Laurence, W. F., Cochrane, M. A., Bergen, S., Fearnside, P. M., Delamônica, P., Barber, C., D'Angelo, S. und Fernandes, T. (2001): The Future of the Brazilian Amazon. In: Science Vol. 291 (5503), S. 438-439. Online Abgerufen unter: http://www.sciencemag.org/content/291/5503/438.full [10.12.2013]

Nentwig, W., Bacher, S. und Brandl, R. (2011): Ökologie kompakt. (3. Aufl.) Heidelberg: Spektrum

Nepstad, D., Soares-Filho, B. S., Merry, F., Lima, A., Moutinho, P., Carter, J., Bowman, M., Cattaneo, A., Rodrigues, H., Schwartzman, S., McGrath, D. G., Stickler, C. M., Lubowski, R., Piris-Cabezas, P., Rivero, S., Alencar, A., Almeida, O. und Stella, O. (2009): The End of

Deforestation in the Brazilian Amazon. In: Science Vol. 326 (5958), S. 1350-1351. Online Abgerufen unter: http://www.sciencemag.org/content/326/5958/1350 [10.12.2013]

Podbregar, N., Schwanke, K. und Frater, H.(2009): Wetter Klima Klimawandel : Wissen für eine Welt im Umbruch. Heidelberg: Springer-Verlag

Schmitt, E.. Glawion, R., Klink, H.-J. und Schmitt, T. (2012): Biogeographie. (1. Aufl.) Braunschweig: Westermann

Schoepp, Sebastian (2010): Amazonas-Regenwald in Gefahr : Abholzen im Sekundentakt. In: Süddeutsche.de (17.05.2010). Online im Internet: http://www.sueddeutsche.de/wissen/amazonas-regenwald-in-gefahr-abholzen-im-sekundentakt-1.265246 [16.01.2014]

Scholz, Ulrich (1998): Die feuchten Tropen. Braunschweig: Westermann

WBGU Wissenschaftlicher Beirat der Bundesregierung Globale Umweltveränderungen (2008): Welt im Wandel : Sicherheitsrisiko Klimawandel. Heidelberg: Springer-Verlag

BEI GRIN MACHT SICH IHR WISSEN BEZAHLT

- Wir veröffentlichen Ihre Hausarbeit, Bachelor- und Masterarbeit

- Ihr eigenes eBook und Buch - weltweit in allen wichtigen Shops

- Verdienen Sie an jedem Verkauf

Jetzt bei www.GRIN.com hochladen und kostenlos publizieren